唐文　张华娥　著

建筑铅笔画

Pencil Drawing of Architecture

U0243670

化学工业出版社
· 北京 ·

本书将建筑美术表现技法与建筑文化审美相融合，旨在提升读者用铅笔表现不同类型建筑及环境的能力。全书共七章内容：建筑铅笔画的入门基础、建筑铅笔画的基本表现方法、建筑铅笔画的基本风格训练方法、建筑铅笔画具体表现技法的练习、建筑铅笔画作品赏析、彩色铅笔写生作品赏析、铅笔写生技法在设计项目中的应用。书中注重教学技法的多样化和延展性，强化对读者记忆和再创模式的培养，强调对地域建筑文化与艺术风格的解析。书中有大量图例可供临摹，部分图幅还配有局部示意图、步骤图，并在章节间添加了技法说明。

本书可作为高等院校环境设计、城市规划、风景园林、建筑等专业的教学用书，又可供美术爱好者及设计院（公司）的建筑、规划、风景园林及环境设计从业者参考。

图书在版编目（CIP）数据

建筑铅笔画/唐文，张华娥著. —北京：化学工业
出版社，2018.11
ISBN 978-7-122-32998-1

Ⅰ.①建… Ⅱ.①唐…②张… Ⅲ.①建筑画-铅
笔画-绘画技法 Ⅳ.①TU204

中国版本图书馆CIP数据核字（2018）第208551号

责任编辑：张　阳　　　　　　　　　　　装帧设计：王晓宇
责任校对：王　静

出版发行：化学工业出版社（北京市东城区青年湖南街13号　邮政编码100011）
印　　刷：北京京华铭诚工贸有限公司
装　　订：三河市瞰发装订厂
889mm×1194mm　1/16　印张11　字数331千字　　2018年11月北京第1版第1次印刷

购书咨询：010-64518888　　　　　　　售后服务：010-64518899
网　　址：http://www.cip.com.cn
凡购买本书，如有缺损质量问题，本社销售中心负责调换。

定　　价：49.80元

唐文

1966年6月生，四川成都人，1987年毕业于江西师范大学美术系，长期从事建筑美术、民族环境艺术教学与研究工作，现为昆明理工大学建筑与城市规划学院风景园林系教授、学院视觉设计创新团队负责人、学院视觉设计研究中心主任、硕士研究生导师。研究方向：建筑美术教育、风景园林规划设计、民族环境艺术、水彩画创作。国家高级环境设计师、中国高等院校建筑学专业指导委员会美术工作委员会委员、中国建筑学会室内设计专业委员会理事、中国建筑学会室内设计云南专业委员会副秘书长、云南美术家协会水彩画艺委会理事、云南美术家协会会员、昆明市美术家协会会员、中国建筑学会会员、昆明画院特聘画家。

著有《建筑水彩画作品与技法》《建筑钢笔画作品与技法》《建筑室内外设计徒手表现技法》《景观设计徒手表现技法》《当代艺术家作品系列丛书——唐文》《建筑铅笔风景画写生技法与作品分析》等多部专著，主编出版《昆明理工大学建筑与城市规划美术教师作品集》，目前主要从事旅游规划民族城市景观规划与设计、民族环境艺术设计方面的研究，曾获得校教学改革一等奖，多件水彩作品入选"2016威尼斯建筑文化双年展"，主持与参与完成云南中小城镇旅游规划及环境艺术设计规划项目上百项，并多次获奖。

张华娥　　1939年1月生，云南昆明市人，1960年四川美术学院附中毕业，1964年四川美术学院油画系毕业，曾为湛江海洋大学艺术学院特聘教授，现为昆明理工大学建筑与城市规划学院副教授、中国美术学家协会会员、云南民族画院特聘画家。其作品以油画为主，兼顾水彩、漆画、壁画和重彩画。著有《景观设计徒手表现技法》《当代艺术家作品系列丛书——张华娥》《建筑铅笔风景画写生与技法分析》等专著。

作品多次参加全国美展并获奖，部分作品在台湾展出。重彩画被国家文化部收藏。油画、水彩、重彩画在法国、美国、荷兰、德国等相关画廊展出并被收藏。部分壁画作品被陈列于云南昆明建筑及公共环境场所。《菲律宾商报中文版》对其艺术成就曾多次做过整版报道。2007年5月在江西南昌举办大型个人艺术作品展及相关学术研讨会，江西新闻媒体及新浪网、人民网等艺术专栏给予专题报道并予以较高的艺术评价。

近期主要从事景观规划与设计项目，参与和主持云南环境艺术、景观设计项目几十项。艺术上，强调徒手表现，对徒手建筑风景画、公共环境小品及艺术品有较深入的研究，技术上，熟练运用针管笔、马克笔、彩色铅笔表现景观设计的各个层面。

前言 · 徘徊于鱼与渔之间

对于广大建筑与环境设计者来说，素描永远是一切绘画，包括设计艺术的基础。而所谓基础，其不仅仅是前期所需掌握的基本知识，更是我们一生都要研修的一门课程。它会使得我们一生都受用无穷……

长期以来，笔者主持着昆明理工大学建筑与城市规划学院的"素描风景写生"（我院该课程简称为"美术2"）及"建筑表现""手绘景观小品设计"等课程的教学工作，面对建筑学、城市规划、风景园林及园林四个专业学生对提升绘画技能与审美水平的不同需求，更加觉得建筑铅笔画具有特殊的重要性。这具体体现在对各类建筑的形态、环境、功能和文化的领悟，识别其不同的风格与美学特征，多元化地表现建筑与环境的形态与意境，延展对建筑与相关场所问题的思考，夯实对于建筑及环境设计的具体辅助功能。基于这样的需求，我们撰写了本书。

在本书的内容设置上，其主要特色一是在建筑铅笔画的表现技法上已不只局限于往常提到的宽锋铅笔的表现，而是强调多种技法的综合运用；二是从城市与环境的多元视角来再现建筑的特征。

在教学手法上，笔者常常把教学示范画发到微信群里，一是为了加强师生课外的沟通，二是想让大家进一步了解建筑铅笔画的魅力与作用，三是想与大家共同来讨论建筑美术教学和艺术教育的相关问题，也促使大家在析览不同地域文化建筑时对有关于保护与传承的问题有更多的思考。

此外，笔者在平时的教学中并没有一味地追求教学范画的全过程示范，而是更关注对学生作业问题的点评与修改，且经常针对课堂相关问题，在课后利用微信把分析点评的示范图、草图反馈给学生，及时解决教学的重点和难点，其中还经常涉及自己对建筑美学价值的分析，力图讲透一种技法，激发一部分学习热情。总之，笔者的经验是，教学中既要"授之以鱼"，又要"授之以渔"，二者必须兼得，才能教学相长、共同乐活。

面对日益繁重的工作和学习压力，如何做到既提高建筑铅笔画的技能，又提升自身的艺术修养呢？本书在这里提倡的是——大师作品临摹与自身趣味学习并重的学习方式。所谓学习大师，应该对大师的艺术作品做细致的分析与长期的学习，如长期让笔者领悟颇深的几位中外建筑铅笔画大师的作品：谢罗夫（俄）作品——画面的虚实；门采尔（德）作品——笔触生动、画面层次丰富；彭一刚作品——建筑画与设计研究相互关联；顾奇伟作品——乡土建筑文化与风采的展现；姚波作品——宽锋技法表现乡土建筑的多元魅力。上述作品的艺术魅力足以让人一生去咀嚼。而所谓自身的趣味学习，则是鼓励学生在具体实践中经常运用素描去讲故事、想问题——如用连环画、长卷画、彩铅画等多种形式来表达自身的设计思路。笔者在上述两种方法当中也可谓获益匪浅，由于云南有着丰富多彩的地域建筑、传统民族村落，在上述特色建筑保护规划与民族环境艺术设计项目中，笔者经常运用建筑铅笔画的形式来进行多元化的探索，积累了一定的经验。

光阴似箭，转眼间距我和张华娥老师合著的《建筑铅笔风景画写生技法与作品分析》出版近十年了，不知不觉之中积累了许多作品，可真正到了此次撰写《建筑铅笔画》的时候，才感到理论总结还是不够，只好朴实陈述我们在教学过程中的点点经验，正如英国诗人威廉·布莱克的著名诗篇所述：

> 一颗沙里看出一个世界，
> 一朵野花里一座天堂，
> 把无限放在你的手掌上，
> 永恒在一刹那间收藏。

唐文
2018年6月于昆明理工大学
建筑与城市规划学院、视觉设计研究中心

目录

第 **1** 章 建筑铅笔画的入门基础

1.1 初识建筑铅笔画

1.1.1 建筑铅笔画的概念和意义

所谓建筑铅笔画，即强调运用铅笔这一极为普通而简单的绘画工具形式，朴素地表现以建筑为主体的客观对象，它具有素描的内在本质。而关于素描，人们自然会联想起它在美术范畴内充当的基础作用，许多人会把它归纳为打打草稿、画画草图等简单的定义。然而建筑铅笔画无论是在绘画的艺术价值上，还是在建筑及其他设计领域的实用价值上，都有其重要的意义，故如果按其绘画的形式可将之归类到素描范畴，而如按其使用功能来讲则可划入到建筑画一类。两种归类中，前者强调建筑的造型艺术，突出视觉感知，后者的归类形式则突出作品对于建筑的多元化认知，且经常伴随着后期的彩色铅笔、马克笔及水彩笔着色及电脑处理，直接服务于各类设计，可以说其用途更加广泛。

本书在讲述建筑铅画的基本技法外，主要强调的是以铅笔为媒介在设计领域进行表达的功能，并阐述其多元化的实用意义。

1.1.2 建筑铅笔画的特点

和建筑钢笔画相比，建筑铅笔画中探索的余地更广，具体表现在：线条形式更为多样，明暗层次更丰富；在工具的运用范畴上它具有可用橡皮擦改的优势，最主要的是橡皮可作为一种明暗调整工具，对画面明暗进行减弱、提亮、虚化处理；同时，在设计中铅笔亦可与彩色铅笔相结合，使画面的明暗、空间及色彩关系更为丰富。

此外，建筑铅笔画后期还可以结合尺子、三角板、圆规、曲线板等绘图工具进行细化，直接服务于建筑设计、城市规划、室内设计及园林规划等实际项目。

值得一提的是，本书中主要提倡的宽锋风格的铅笔技法，其不仅能运用块面状笔触简要、迅速、肯定地表现建筑形体，还能以帅气、强烈的明暗形式为今后实际运用马克笔重色打下了良好的基础。

1.2 建筑铅笔画的风格和形式

1.2.1 纯线条风格

主要是运用以线条为主体的形式表现对象，其特点是能显现出线条清新、帅气和简洁的特点，同时强调线

线条风格建筑铅笔画——春到凤凰

条勾勒所显现出的肯定性，不提倡过多的明暗处理。

1.2.2　线条结合明暗风格

为了追求画面建筑和环境的层次，故依托线条在画面重点边缘和区域作一定的明暗处理，以强化主体的立体感，但必须保持线条与明暗在画面上的和谐。

1.2.3　明暗（光影）风格

运用黑白平行、交叉排列线条组合或涂抹笔触所产生的以明暗为主的风格。

1.2.4　宽锋风格

宽锋风格为本书主要提倡的风格，提倡用软性6～10B的铅笔，将笔锋削成扁平状，行笔中能够形成宽窄不同的块面，分别表现不同的物体质感，特别适合表现建筑界面不同的材质与肌理，同时也便于今后向水彩、马克笔建筑表现的块状用笔风格过渡。

1.2.5　彩色铅笔风格

已不属于素描范畴，但在建筑铅笔画的广泛用途内是一种训练色彩、烘托表现主题氛围的不可或缺的艺术形式。

明暗风格建筑铅笔画——曲靖麒麟老巷

1.2.6　综合铅笔技法风格

该风格指在画面中不单用铅笔和彩铅，后期还可借助其他少量的绘画介质进行画面处理的形式，如水墨渲染及电脑后期处理等。

1.3　建筑的审美形式

审美的培养是一切艺术行为方式的基础，其学习与感受的内容包罗万象，是一个长期认知与参悟的过程。审美学习永远没有止境，这里主要讲以下两个要点。

1.3.1　关于不同地域建筑审美意识的培养

不同地域文化下的建筑所显现出来的风格形式包含了当地丰富的宗教文化、人的生活习性和审美意趣，地域文化在环境上也显现出不同的场景效应。此外，地域文化也包含了传统和现代的融合，而特定的地域文化建筑更是具有物质文化遗产的多元价值。

1.3.2　关于现代城市景观审美的表达

现代城市景观体现出以几何化元素为主体的风格形式，强调点、线、面的抽象组合，其曲线、直线和各类板块产生了独特的节奏与韵律，建筑上规矩的构架、阵列的门户简约、对比强烈，形成了新的美感，彰显了传统与现代、科技与人文的创新。城市立交、码头、机场、站点等交通景观，别墅、高层住宅等居住景观，城市商业综合体、特色文化街区、各类城市广场等公共景观，都迫切需要我们去了解与表现。

传统风格城市景观铅笔画——上海城隍庙街区速写

现代风格城市景观铅笔画——有人行天桥的城市主干道风景

第2章 建筑铅笔画的基本表现方法

2.1 建筑铅笔画的工具

铅笔：1～10B的素描铅笔。本书技法中主要提倡使用的是软性的6～10B铅笔。

木炭铅笔：色泽浓郁，可削尖进行线条风格练习。优点是在线条基础上有用橡皮修改的余地。

彩色铅笔：可以进行艺术风格的多样化处理。

纸笔：可以用来擦拭明暗关系。

吸水海绵头笔：在关键部位强化暗部处理，多用于设计稿。

复印纸：普通A3、A4纸，是本书重点强调的纸张。优点是非常适用于宽锋笔触表现，暗部可以用削尖的白橡皮进行擦拭提亮。

素描纸：由于底纹较粗，在行笔的过程中线条具有不同颗粒状的笔触感。

有色纸：多为咖啡色、灰色、深灰色、灰绿色，适合表现独特意境氛围的风景情境。

速写本：专业建议用大正方形纸（25mm×25mm），两张纸相对打开使用可以表现更宽阔的场景。

卷筒绘图纸：最适宜建筑与城规划专业使用，可不断续接画面内容，形成长卷画，表现城市记忆、街景改造、城市滨水风光带等题材。

2.2 建筑铅笔画的学习方法

2.2.1 写生与临摹

（1）写生

初学者不必恐惧现实场景的复杂性，写生的目的在于训练人们对场景的审美、选择、概括的能力和在现实场景作画时抗周边环境干扰的能力。对于一生热爱或从事建筑专业的人士来说，写生应该是时时刻刻伴随着日常生活、长期不间断的艺术行为。

（2）临摹

学习建筑铅笔画时，应强化平时的摹写能力，逐渐达到融会贯通的效果。以下是笔者最喜爱的几位中外艺术大师的作品简介，由于篇幅有限，故仅将其艺术特色加以简要概括，并简述学习方法，以点带面，读者平时可购买其相关著作进行系统学习。

① 谢罗夫（俄）及俄罗斯巡回展览画派画家作品：谢罗夫素描风景作品视觉效果深远，讲究明暗与线条的虚实，笔触轻松与凝重结合完美，画面层次丰富且富有诗意。此外，苏联《星火》杂志刊登的木炭及水墨形式的风景画插图、许多俄罗斯巡回展览画派画家作品均有上述风格，建议大家广

泛学习。

② 门采尔（德）作品：明暗关系浓郁、用笔注重虚实和厚重、取材多样；注重建筑（特别是室内空间）氛围的表现，画面深邃，历史感强烈；作品数量巨多，表现题材多样，细腻但不呆板，许多瞬间的人物速写更是生动。

③ 考茨基（美）作品：宽锋笔触画家的代表人，作画笔触不重复，富有几何化的美感，特别是各类块面的提炼把握通俗易懂，结构准确还富有设计味，后期结合彩铅、马克笔着色效果甚佳，初学者学习起来极易上手。

④ 顾奇伟（国家工程设计大师、云南省城乡建筑规划院原院长）作品：顾奇伟先生作品体现出建筑设计味和艺术感的完美统一，有独特地域建筑的美学评价和同类建筑的差异性比较分析，多数建筑铅笔画概括取舍精湛、剖析推演有序，配以文字表达，使作品更有史料感，显现出对建筑艺术和传统文化价值的独特领会。

⑤ 钟训正（中国工程院院士、东南大学建筑学院教授）作品：钟训正先生以建筑素描为主题出版的书籍极多，其作品大多为严谨的素描与灵动的速写，其中不乏极具层次与线条张力的国外风光精致铅笔画，是老一辈建筑教育家文化传承的代表。

⑥ 杨义辉（同济大学教授）作品：杨义辉教授建筑素描作品教学的针对性强，示范图强调实景与示范作品的对应，针对不同类别建筑常配有完整的写生步骤图，相关教材中常常对城市景观、江南园林写生中关于取舍、凝练、细化方面有重要阐述。

⑦ 姚波（华侨大学教授）作品：熟练地把宽锋铅笔运用到极致，强调不同宽锋线条的灵活运用，画面黑白灰关系强烈、富有韵律，善于对学生实际写生的审美意趣方面进行启发式教育。

2.2.2　速写与深化

速写的要点是用笔的肯定生动，强调作画的速度性，提倡运用大的线条和明暗关系捕捉对象的整体关系。对于后期的深化，这里不是指全方位的细化，而应是在保留速写原生动笔触的基础上，在局部进行适当的调整与丰富。

2.2.3　记忆与想象

记忆主要是帮助创作者回忆自身观察对象的重点和特色，包括比例、结构、尺度等，将之概括性地表现到作品上。关于想象，则是可以改变其中一些要素，进行形态、空间、意境的重新组合。

2.2.4　推演与表达

推演是由观察到的现实场景推理出所需的其他相关场景与情节特征画面。推演与表达是相互关联的，在表达的过程中经常可以改变透视和空间关系，突出一定的主观意识陈述。

2.3　学习建筑铅笔画的表现的基本要素

2.3.1　构图与透视

构图是创作中最重要的先导阶段，构图中应首先确定画面的立意，分清楚表现的主次。一般来说，画面当中以视平线的高低决定视觉氛围，表现的主体要素忌讳放置在画面的中心点上，同时，表现的主体要素还应该有主有次，相互呼应，以体现画面的层次。

　　构图对前景、中景和远景关系的把握极为重要，在作画初期，既可用小构图来明确前后景的主次、黑白灰关系，又可用小构图确定画面的图幅形式。

　　透视现象实际上包含着严谨的科学性，一般分为一点透视（平行透视）、两点透视（成角透视）和三点透视（仰视透视或俯视透视）及多点透视。多点透视一般是表现建筑空间楼梯不同朝向时所产生的多灭点的视觉效果，可以说是难度较大的一种透视现象。透视首先要确定视点、视域、视高及视平线，定位灭点，它涉及了由普通平面图到二维空间的转换求证等诸多具体方法，鉴于篇幅有限，学习者可找相关的透视表现技法的书籍进行学习。本书主要强调透视在建筑铅笔画写生过程中对透视现象的理解，最重要的是画面中所有线条都应消失在各自透视的同一方向的灭点上，而灭点一般情况下会和地平线吻合，三点透视中独立于地平线外的天点及地点的远近度取决于物体相关高度的确立。

通过左侧构图分析所采纳的写生完成稿一

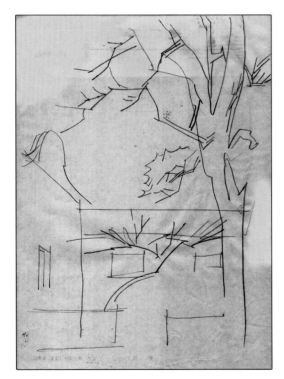

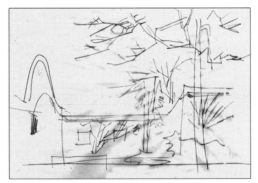

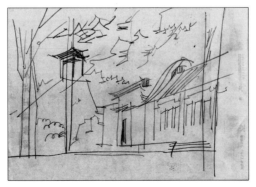

昆明市莲花池公园写生的几种构图分析草图

通过左侧构图分析所采纳的写生完成稿二

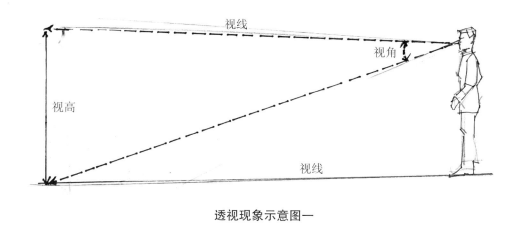

透视现象示意图一

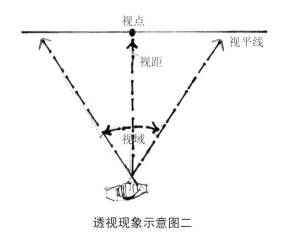

透视现象示意图二

2.3.2 线条与明暗

线条是构成建筑铅笔画的主体,其本身具有丰富的韵律和特色。值得一提的是,线条不止是在初级阶段用于画面打轮廓、勾勒形体的工具,更是用来排列组合产生画面建筑物块面层次、韵律的主要表现手段。

明暗是画面主体的一个重要组成部分,可运用平行排列线条、交叉网格排列线条、纯宽锋笔触、点状组织、纽线和绕线组合以及涂抹形式来表现建筑的明暗,同时更重要的是强化阴影层次。本书强调以宽锋平行排列的线条组合形式来表现建筑的明暗层次,以彰显建筑的立体感。

根据笔者作画的体会,一般来说,块面为横向的应该用竖向的行线方式铺设明暗关系,而块面为竖向的则反之,这样,建筑块面的效果会更加强烈。

2.3.3 虚实与意境

中国传统绘画中最讲究虚实和意境的表现,其绘画的笔墨、层次及留白往往能够体现画面的深远意境,而在建筑铅笔画当中,虚实往往又和表现的主体与次体的重要性密切相关,初学者可以经常运用铅笔临摹一些古代山水画,领悟其线条的轻重、穿插、留白,设色轻重,笔触显晦所带来的画面虚实效应。

在意境表现当中,注重云雾烟影、地面的倒影以及环境道具的表现,往往是突出画面意境的基本方法。

2.3.4 层次与空间

层次是建筑铅笔画技法当中出现最多的一词,其特别强调的是,作品应该时时注重表现对象的前后关系、主次关系和虚实关系。对于空间,可以理解为三维的场景,建筑中的空间就是进深、立面、平面组成的范围,边界和体块是其主体,而除建筑之外的自然场景中并不存在明显的界面,所以空间要借助其他物体的远近、虚实、主次关系的强弱来表达,强化透视现象也是表现空间的具体手法。

2.3.5 主体与情趣

根据笔者的经验，表现以建筑为主体的铅笔画，主要要对建筑的比例、造型以及建筑符号进行精确的表达。这里提出的精确表达也应有虚实和重点，不能面面俱到，如表现建筑的屋顶瓦片，就不能把每一片都进行勾勒，而要抓住重点，以点带面。中国古典建筑的屋檐下的各种斗拱、梁架，西方古典建筑丰富的拱券、雕刻都极为复杂，表现时既要画出其丰富的内容和层次，又不能画得太具体、死板，往往是在铺设大的明暗关系往后，适当地对该细部进行松动的交代，这样反而会使该部分更有深邃感。

情趣通常是表现一些非常态下的主体和独特视角下的画面，稍纵即逝但饶有趣味，容易勾唤与激发人们特定的情感意识，如国外许多铅笔画作品表现飞机的舱内空间、法庭审判现场、墓地中的祈祷以及全景式重大体育赛事等。此外，我们经常叹服一些表现特定商业空间、大型娱乐场、城市全景鸟瞰的铅笔或钢笔画，它们都体现了特定场所的氛围与情趣，这些作品往往也与设计相互关联，它们不仅锻炼了作者对特殊场景的记忆力，也锻炼其对纷繁主体的高度凝练与重点表现力。

2.3.6 整体与细部

整体即画面需给人以统一的感知，它具有丰富和概括的双重要素。整体感的训练其实质是——让学习者强烈地记住与表现第一感受的整体印象、有机地忽略细部。而细部的刻画又是往往是表现者的情怀体现。在建筑画的主体中，笔者认为应该鼓励学习者对场景细部的描绘，因为细部往往是打动观者的重要因素，它会使得作品所交代的场景更为周全。

2.3.7 场景与人文

建筑的场景是多样化的。随着城市的发展，许多设计师与艺术家的目光都转向了更多的人文场景，包括历史文化街区、城市交通构筑、居住区、娱乐园、纪念场所等。此外由于功能和经济的需求，厂区、大型商业环境和生态环境等也急需一些场所设计与表现，以真正体现当今和谐、多元场景所带来的深层次的文化复苏。

故建议初学建筑铅笔画者平时多进行上述主题的场景速写，画幅可以是整体式或局部的记录，还可以探索续接式的长卷表达。

近景细化的建筑铅笔画——烟花三月

远景细化的建筑铅笔画——瘦西湖畔

第3章 建筑铅笔画的基本风格训练方法

3.1 铅笔排线线型变化与线型组合训练

（1）点状

点有圆点、方点、圆圈点、线条点等。通过各种点的排布可以构成线、块、面，并可以通过深浅、疏密的不同，画出有黑白渐变层次的面来。建筑铅笔风景画当中，经常用它来表现朦胧效果的作品，如夜景、斑驳的地面和墙面、石头表面等的肌理效果。

（2）各类线条

各种线条给人的感受有所不同，初学建筑铅笔画者应经常对以下线条进行长期训练。

① 单一线条：练习单一线条时，应该揣摩不同线条给人的视觉感受，熟悉水平线、波纹线、折线等的形态与行线方式，重点对上述形式进行长短、轻重不同的线条组合训练，更重要的是进行纽线、绕线、勒线的组合练习，为下一步勾勒以植物为主的形体打下基础。

② 宽锋线条：由于它能产生方形的块面感特征，能非常好地表达出建筑挺拔的转折面和阴影关系，体现一步到位的肯定性，特别建议大家重点练习该内容。

③ 平行线条：平行线条包括直线平行线、弧线平行线、曲线平行线，它是组成画面深浅色调的重要因素。每组线条线与线之间排得是否等距、长短是否一致，直接关系到画面色块的工整与否。上述线条组也是宽锋技法表现水波纹、天空云彩、建筑墙面质感的最佳方式。

④ 交叉网格线条：练习交叉网格线条，对于作画最终阶段中丰富明暗层次、强化与加重黑白关系、统一画面主次关系都非常有用。此外短单线交错排列和绕线练习对于描绘建筑上特定的龟裂纹土墙、石墙、地面裂缝、老树皮等也都非常有效。

3.2 明暗风格与彩铅的综合运用

关于明暗风格，重点还是要把握前期以素描为主的建筑强烈的明暗、块面的分布，只不过有些明暗关系可以用彩铅来表现。值得一提的是，彩铅表现建筑的明暗风格只是为了强化彩铅的固有色效应，不宜在彩铅大调子上为了表现色彩的冷暖关系而不断添加，特别是亮部和建筑外轮廓线应该保留原始的铅笔笔触，如切实为了突出画面对比感，有时还可以用木炭铅笔在此部分进行一定的强化处理。

3.3 各类建筑的造型与风格简述

3.3.1 中国古典建筑

要表现好古代建筑形式，关键是准确把握单体建筑屋盖、屋身和台基的造型特点及相互之间的比例关系，还要整体把握建筑和建筑之间及与相关自然环境之间的和谐神韵，缺一不可。例如，表现古建筑的屋面应着重强调屋脊的走势，瓦面则可适当交代。建筑的屋身要注意柱与柱分割成的空间及墙垣、门、窗的比例和特征，并注意其透视关系，还要和建筑的斗拱部分结合自然。此外，在表现檐底梁架及丰富的花饰时，要做到有虚有实，避免因琐碎而破坏了整体关系。

在表现中国古代官式建筑时，要注意中轴线的对称感及左右两侧建筑的透视关系。而在中国园林的表现上，由于其极讲究造势和借景，强调迂回曲折，所有的亭、台、楼、阁、廊、轩、榭等都和山、石、树、水结合得十分完美，故表现时不能把建筑作为一个单一体，更应注意其周边树木的姿态、水影的波动、山石的情趣，把建筑若隐若现地隐含在环境之中。

3.3.2　中国乡土建筑

要注意观察各种民居的不同特点，首先包括建筑屋面和墙体的比例关系、屋面的倾斜角度与外挑范围、山墙的立面造型、屋脊弧线翘起的程度等具有明显不同造型的部分；其次要准确表现建筑木构架的穿插关系。

不同民族有着不同的建筑风格形式，表现方式也有差别。如在屋顶瓦面处理上：贵州安顺地区的石板屋面呈自由分割的平块状；江南民居的屋面瓦呈扁平弧线状，画时应着重强调横向的瓦缝；而云南的汉族民居，瓦脊圆浑，故既要表现各瓦之间的勾缝线，又要表现一定的水平弧线；表现中甸藏族民居木板瓦时，则应在纵线上统一规范，并使横向瓦缝错落有致；表现西双版纳傣族干阑式民居的方形土瓦时，由于瓦型规范，则可在方格瓦缝线的疏密中做文章，做到线条有聚有散。

3.3.3　中国近代建筑

中国近代建筑自从鸦片战争以来显现出开阜的商业、现代工业及农耕文化相互交织的城市建筑的雏形，是中国传统文化与西方殖民文化的融合，里弄、政府官邸、办公楼、洋行、商铺、站点及码头等是最为常见的形态，最为典型的是上海的外滩、天津的五大道、杭州清河坊、青岛与庐山等地的各类西式洋房等。掌握上述建筑，应该特别关注其中西合璧的不同文化符号。

3.3.4　西方古典建筑

西方古典建筑发展历史悠久，受中世纪、文艺复兴、哥特、巴洛克等文化影响，显现出独特的宗教与人文主义情怀，我们在表现上述题材时需要细细咀嚼其文化发展脉络。上述建筑在建筑顶部、柱式、腰线、门套、窗套处都显现了许多风格造型，一脉相承的是同时期绚烂的绘画、雕刻和家具艺术，表现时应该对其丰富的几何性的造型和图案进行分析。

3.3.5　东南亚建筑

东南亚建筑受到小乘佛教文化、伊斯兰文化和外来殖民文化的影响，表现出丰富、灵巧、细腻的风格，建筑廊、庭多通透，建筑屋顶翘角轻盈、飘逸，墙面色泽纯净、艳丽，建筑窗套、百叶窗扇、阳台的铁艺栏杆受英国殖民文化影响典雅华贵，周边植物通常配以香蕉树、芭蕉树、棕榈树等热带树种，整个场景郁郁葱葱、花团锦簇。

3.3.6　现代建筑

现代建筑具有几何体块强、线条流畅、简洁明快的特点，在运用铅笔表现这些内容时要注意以下方面。

① 充分运用线条的肯定、挺拔与交错画出建筑的气势。

② 运用平行、直、弧线和规整的宽锋笔触排线，排列塑造建筑几何块体的亮暗面及局部的凹凸。

③ 建筑的阴影强调能很好地突出现代建筑的立体关系，表现建筑当中的门窗经常可用条形且具有块面状的笔触进行排列，同时，描绘时应在轴线准确的基础上注意用线的生动流畅，以免画得呆板。

④ 适当注意玻璃幕墙、不锈钢、花岗石、大理石等材料的特点，运用符号化、概念化的形式来表现。

⑤ 注意现代建筑周边环境的搭配，如天空的云彩、地面的横道线、行人、车辆、绿化等，既要用渲染、烘托的手法表现现代建筑的气氛，又不能画得太零碎，破坏画面的整体性，更不能只关注配景的热闹与真实，而抢了建筑的主体地位。

现代建筑种类繁多，尤其要注意对高层建筑比例的把控。

3.4 与建筑相关联的场景表现

3.4.1 各类植物

（1）草丛

草丛的表现，有的采用双线条勾出外形，有的用水平的波状线或相互穿插的交织线表现草丛的态势，有的则运用工笔的单线，讲究行笔的力度和肯定性，以此来表现长短不同的草丛的交错关系，还有的采用平行弧线或用点形成成片的草。总之，应根据不同的画面内容和风格选择草的表现方法。

（2）树木

在单株树中，有些是枝干优美、易表现的，如槐树、古柏树、松树、榕树等，在表现时容易从其树干上找出形态和质感特征，关于树干的表现应仔细分析树干和树枝的分叉位置以及出挑树梢的方位及数量，注意直、曲线条的交错关系和相互间的顾盼形式，尽可能不要出现树枝多平行线、弹弓叉及左右均等对称的形式。

对于树木叶子形态较好的单株树，如枫树、棕榈树、椰树、柳树、樟树及梧桐树等。在表现这些树的叶子时，要着重分析树的外轮廓线，做到有些分离、有些重叠、有些外挑、有些顾盼。虽然树木形体是非规则形体，但在表现时，最终应把其当成各种组合的几何形体来理解和分析，这样才能铺设好树叶的明暗关系。如在画棕榈树、椰树等的叶子时，根据其特点，可把其当成不同朝向的圆盘扇子或刀币形式来分析。

对于密集树木的表现，应在树干或树叶上取其整体态势，抓住其成片的树木外轮廓线层层勾勒或用排线条进行明暗渲染，要注意上下层的树边缘线不能等距。表现成林的树枝、树干也是同样的道理，只不过要注意纵向树枝左右、前后、长短的参差关系。

3.4.2 水面与山石

（1）水面

运用铅笔表现水面，可以用勾线的办法描绘波纹和各种浪花。中国古代山水画中就有起伏波、锁链波等形式。不管是江河还是湖海，用线表现波浪的形式应注意具体的天象，有时运用尖浪、弧形浪，甚至几根水平有回旋感的曲线，就间接体现天气的阴、晴、雨、风等特征，但要注意波纹层次，有简有繁，画得太满，水面反而没了灵气。

画水面还有一个很重要的部分就是反映水中的倒影，倒影有水面上物体的倒影和水岸边物体的投影。如水面渔船的桅杆，主体是垂直的，而在水中却是弯曲的波纹状，而映衬在岸边的倒影往往应画得似是而非、若有若无，影子在波光中的布局还需疏密渐变，体现荡漾感。

（2）山石

中国传统的山水画对山石的画法有着精辟的概述，如披麻皴、斧劈皴等。画山石，重要的是既要对山的外形把握准确，又要对山峰的倾向态势、山峰之间的距离、山体的结构等仔细观察，每座山体之间的褶皱应与形体的主线相连。画石头时，要注意大小石头的块面关系，抓住石头线条的前后交错关系进行勾勒，再运用宽锋的块面笔触来强化其质感。

3.4.3　人物与车辆

人物在建筑铅笔风景画中既能烘托主题和气氛，再现真实的场景，同时人物在建筑环境当中又起到一个尺度比例的作用，表现出建筑的高矮及其与环境的关系。表现人物时，关键是要注意人物块面及四肢动态，而群体人物则只需体现其整块的人群躯干，头部只需简单点缀。

在描绘现代建筑环境和街景时，在画面中经常需点缀一些车辆，由于车辆的体积相对人会显得过大，画得不好会影响画面的意境，所以特别要注意各种车辆简洁明快的形态，特别是需概括其车身、玻璃、腰线的流线型，至于车灯、挡泥板、车轮金属钢圈等细节也都是体现现代感的地方，需要注意。

概括而生动地表现以建筑为主体的景观
——楚雄彝人古镇祥瑞之塔

概括而生动地表现以植物为主体的景观——昆明呈贡捞鱼河畔

3.5 建筑铅笔画表现的步骤与方法

3.5.1 线条风格建筑铅笔画的表现步骤与方法

这里以北京后海公园休息亭为例进行展示。

第一步：运用线条肯定地勾勒轮廓，注意线条的虚实和物体的前后关系，植物表现要注意枝叶的前后穿插，建筑表现可运用线条进行形态切分，时时修正建筑透视和比例。

第二步：进一步运用不同的线条形式细化建筑与环境的主体，保持线条的轻松和虚实感，在表现点状的树叶时要尤其注意其间的疏散与聚合关系。

第三步：深入细化对象主体的层次，可在其中适当地进行一定的明暗设色，最后逐步检查与调整画面的疏密关系。

第一步：起稿打轮廓阶段

第二步：具体表现阶段

第三步：深入完善阶段

3.5.2 明暗风格建筑铅笔画的表现步骤与方法

这里以云南红河县伊萨古城为例进行展示。

第一步：在充分研究画面的构图、透视感的前提下，迅速运用肯定的直线打轮廓，表现建筑主体时，线条宜多采用交错、分割的直线，突出建筑体块的转折与挺拔。

第二步：充分运用宽锋或组合排线形式大块面地表现出画面的整体黑白关系，注意前后空间层次的黑白灰关系分析，落笔要肯定，暗部尽可能虚松，不要急于迷恋对细部的刻画。

第三步：利用锋面各部位所产生的不同笔触的形态，细化主体的明暗与结构关系，之后可适当运用硬质尖锋铅笔表现最关键的细节，在画面的调整阶段还可以运用橡皮虚化主体次要部分，并擦出精彩的细节亮部，最后适当加入点景人物或植物。

第一步：起稿打轮廓阶段

第二步：具体表现阶段

第三步：深入完善阶段

第**4**章 | **建筑铅笔画具体表现技法的练习**

4.1 建筑铅笔画表现——排线条练习

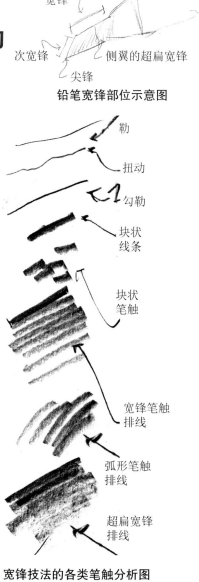

宽锋

次宽锋 侧翼的超扁宽锋

尖锋

铅笔宽锋部位示意图

勒

扭动

勾勒

块状
线条

块状
笔触

宽锋笔触
排线

弧形笔触
排线

超扁宽锋
排线

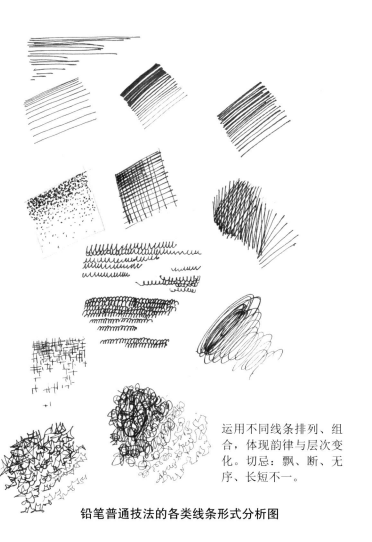

运用不同线条排列、组合,体现韵律与层次变化。切忌:飘、断、无序、长短不一。

铅笔普通技法的各类线条形式分析图

宽锋技法的各类笔触分析图

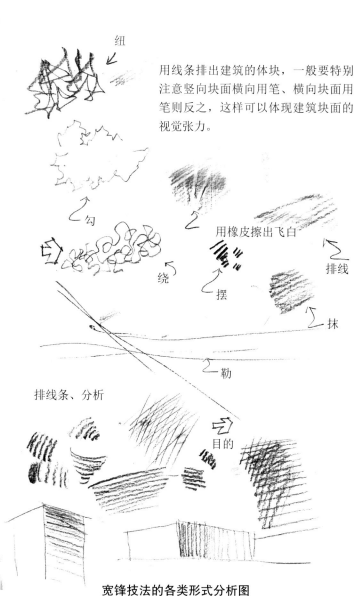

用线条排出建筑的体块,一般要特别注意竖向块面横向用笔、横向块面用笔则反之,这样可以体现建筑块面的视觉张力。

纽

勾

绕

摆

抹

勒

用橡皮擦出飞白

排线

排线条、分析

目的

宽锋技法的各类形式分析图

 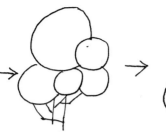  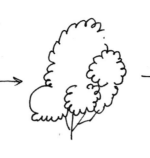 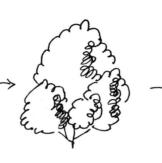 

1.基本形（注意圆大小搭配）。

2.增加球形数量、注意其前后关系。

3.圆形适当概括。

4.把纯弧线逐步改为小线，增加外轮廓的丰富性。

5.在球形中继续运用绕线组合，强化各球体明暗交界线。

6.在各球体明暗交界线外，加入"点"，丰富其亮部。

 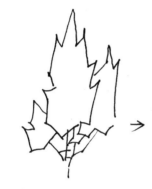 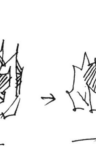 

1.先研究几个三角形组合，左右、高低、大小要尽可能不一样。

2.把各三角形改变成各自大小不等的折转边，以丰富树形外轮廓。

3.用短平行、方向不同的斜线组合丰富各树形的明暗交界线，增加地面草坪线。

4.最后用最黑的墨水强化树的投影与地面倒影，并丰富树内枝干，局部可加入"点"或"短碎线"，以丰富亮部质感。

1.上下、左右数量上不均等

2.单双配置

3.紧密与疏松

4.曲、直、折相互搭配

5.滑、折与回头（顾盼）

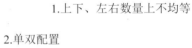   

简单

繁琐

交凤眼——传统美学的价值

针状叶　　　　絮状叶　　　　三角叶　　　　片状叶　　　　点状叶　　　　锯状叶

4.2 建筑铅笔画植物表现——交凤眼

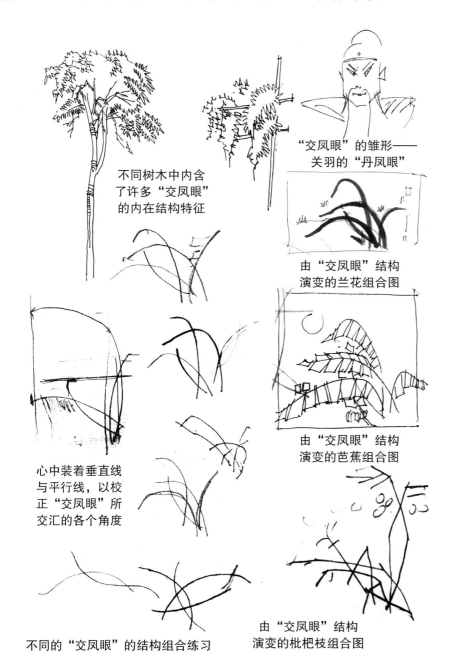

不同树木中内含了许多"交凤眼"的内在结构特征

"交凤眼"的雏形——关羽的"丹凤眼"

由"交凤眼"结构演变的兰花组合图

由"交凤眼"结构演变的芭蕉组合图

心中装着垂直线与平行线,以校正"交凤眼"所交汇的各个角度

不同的"交凤眼"的结构组合练习

由"交凤眼"结构演变的枇杷枝组合图

树木的线条勾勒与排线表现出其层次与特征

运用弧线表现天空的朵状云

运用简约符号化的线条10秒钟内迅速表现建筑小场景

棕榈科树叶片的表现——注重叶片的前后相互穿插关系,包括各叶尖的弯曲度、回转度与疏密度,才能表现出其微妙变化

4.3 建筑铅笔画表现——配景练习

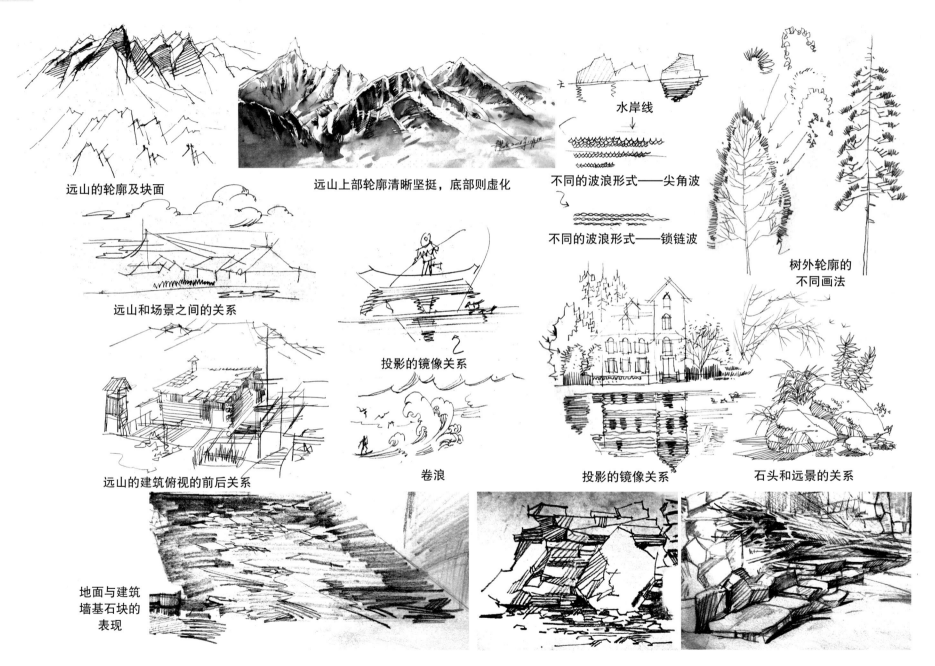

远山的轮廓及块面

远山上部轮廓清晰坚挺，底部则虚化

水岸线

不同的波浪形式——尖角波

不同的波浪形式——锁链波

树外轮廓的
不同画法

远山和场景之间的关系

投影的镜像关系

远山的建筑俯视的前后关系

卷浪

投影的镜像关系

石头和远景的关系

地面与建筑
墙基石块的
表现

4.4 建筑铅笔画表现——不同建筑材质练习

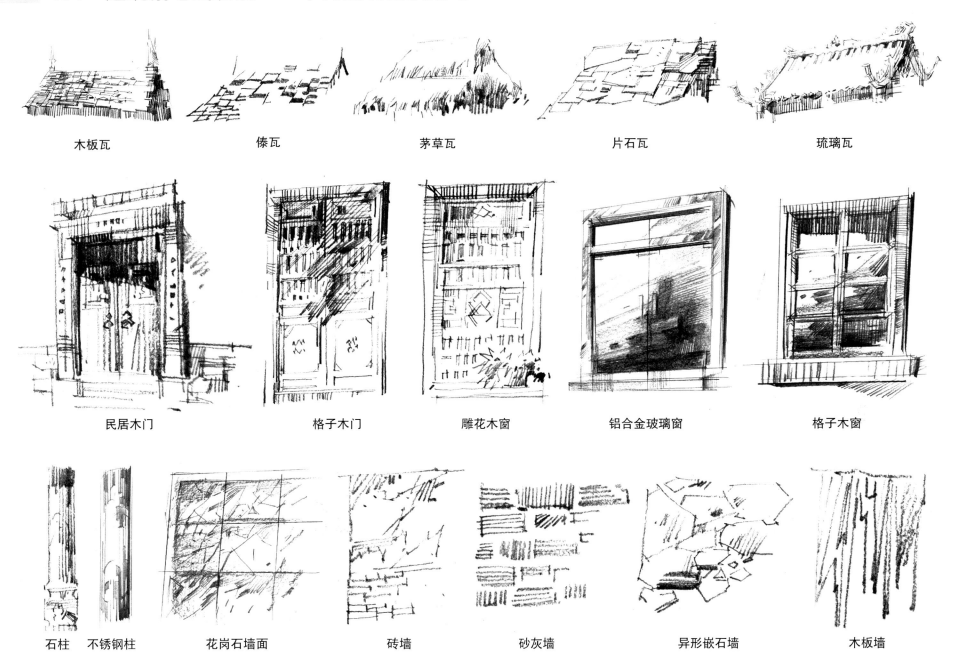

木板瓦　　　　　傣瓦　　　　　茅草瓦　　　　　片石瓦　　　　　琉璃瓦

民居木门　　　　格子木门　　　　雕花木窗　　　　铝合金玻璃窗　　　格子木窗

石柱　不锈钢柱　　花岗石墙面　　　砖墙　　　　　砂灰墙　　　　异形嵌石墙　　　木板墙

4.5 建筑铅笔画表现——不同建筑的透视现象分析

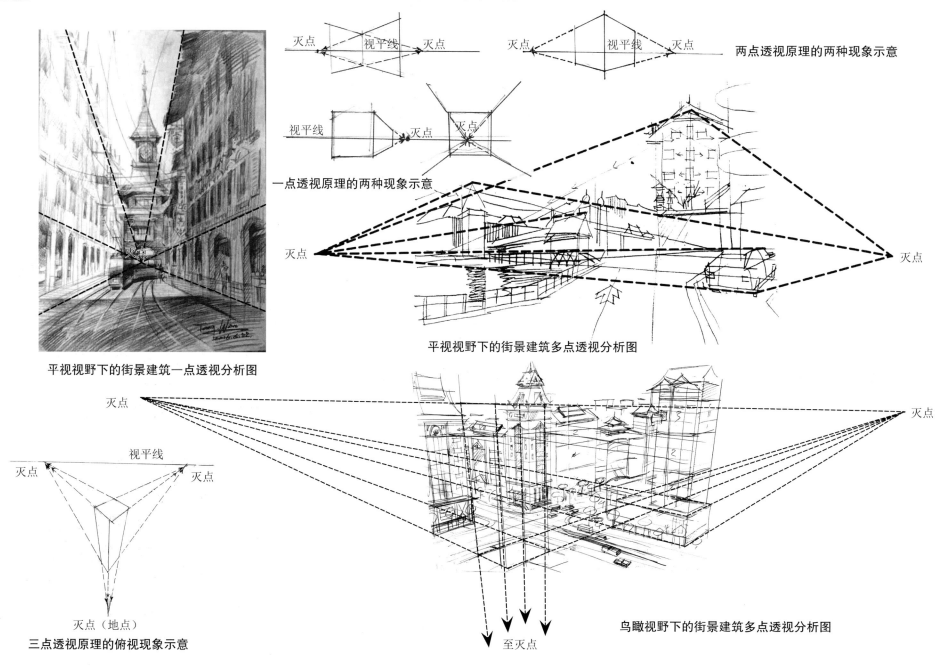

灭点　视平线　灭点
灭点　视平线　灭点

两点透视原理的两种现象示意

视平线　灭点　灭点

一点透视原理的两种现象示意

灭点　灭点

平视视野下的街景建筑多点透视分析图

灭点　火点

平视视野下的街景建筑一点透视分析图

灭点　灭点

视平线

灭点　灭点

灭点（地点）

三点透视原理的俯视现象示意

至灭点

鸟瞰视野下的街景建筑多点透视分析图

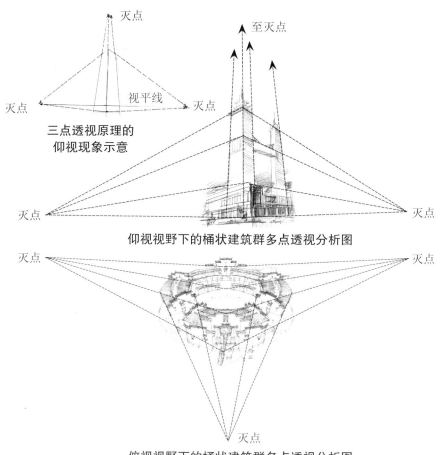

三点透视原理的
仰视现象示意

仰视视野下的桶状建筑群多点透视分析图

俯视视野下的桶状建筑群多点透视分析图

特殊多点透视场景说明：

　　右图是具有多点透视的一个现实场景，系昆明理工大学建筑楼中庭，由于场景里所有的外挂楼梯都有各自不同方向的灭点，同时，由于仰视时，所有界面的竖向线条都具有仰视效果，故已不是垂直形状，均向上收分而消失在一个灭点。所以说整个画面具有极高的表现难度，此外，该中庭中所涉及的一些家具以及整层楼的黑白灰关系也是一个在深化过程中需要额外解决的重要问题，故在我院的素描写生课程当中也常将这里作为期末考试的现实场景。

　　本图未标注透视分析线，读者可以根据此类建筑场景于课外反复练习，以锻炼该类多点透视场景的分析表达。

4.6　宽锋分析与表现各类建筑及其环境的示例

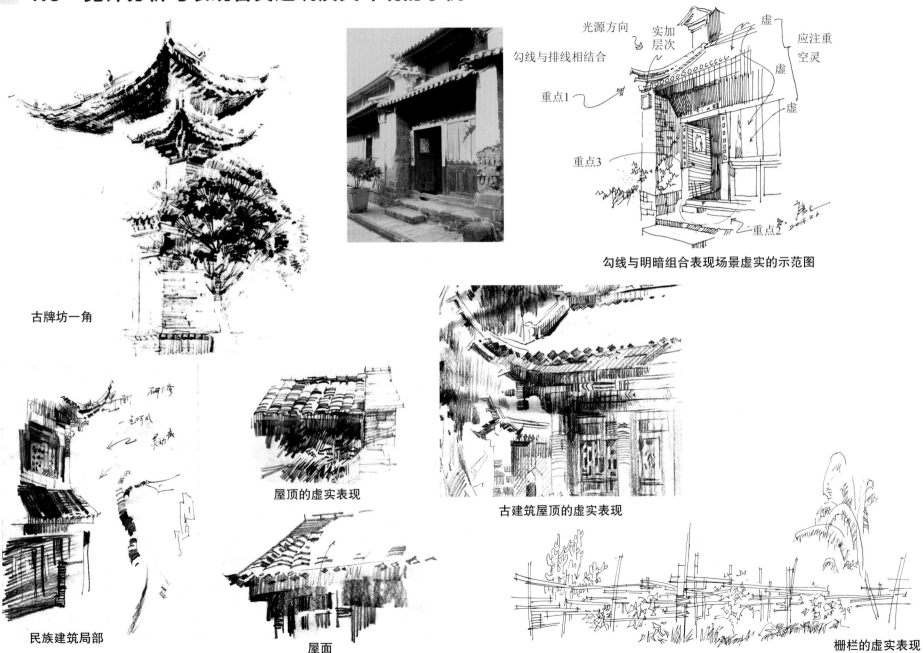

光源方向
实加层次
勾线与排线相结合
重点1
重点3
重点2
虚
应注重空灵
虚
虚

勾线与明暗组合表现场景虚实的示范图

古牌坊一角

民族建筑局部

屋顶的虚实表现

屋面

古建筑屋顶的虚实表现

栅栏的虚实表现

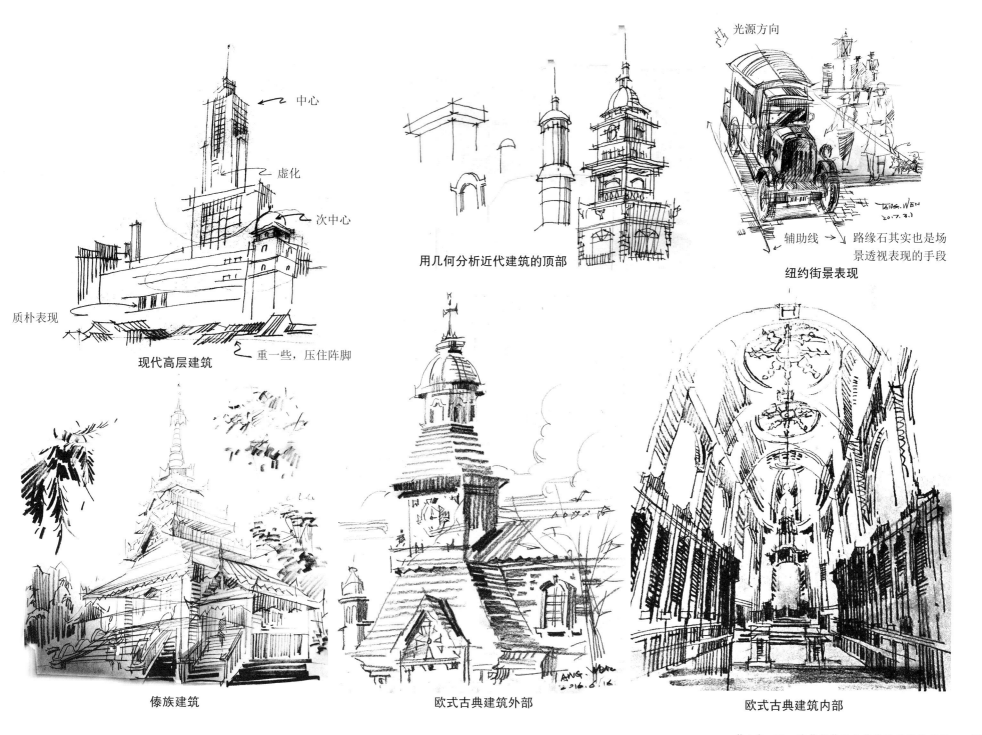

中心

虚化

次中心

质朴表现

重一些，压住阵脚

现代高层建筑

用几何分析近代建筑的顶部

光源方向

辅助线 →

路缘石其实也是场
景透视表现的手段

纽约街景表现

傣族建筑

欧式古典建筑外部

欧式古典建筑内部

4.7 建筑与场景表现——
不同人物表现练习

老年人与小孩

大学生

城市青年

摩登女性

用木炭铅笔表现有青年人背影的场景

推小孩车的夫妇

简化的群组人物和侧面行走人物的练习

4.8 收分、起翘、回抱——
设计手法在交通工具中的推演练习

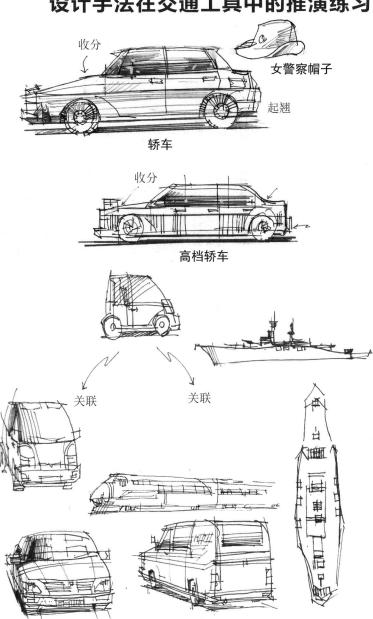

收分

女警察帽子

起翘

轿车

收分

高档轿车

关联

关联

各式交通工具

4.9 设计思考的前沿探索——建筑铅笔画草图

这里以云南迪庆藏族自治州德钦县奔子栏镇玉杰乡宗教景观规划设计为例。

村落中不同玛尼堆宗
教景观场景设计草图

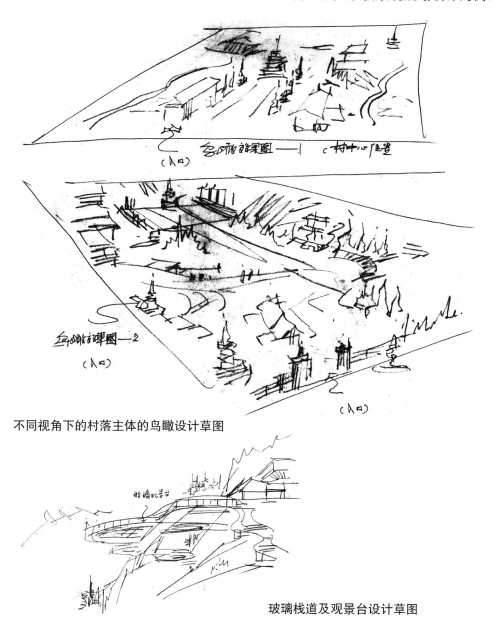

不同视角下的村落主体的鸟瞰设计草图

玻璃栈道及观景台设计草图

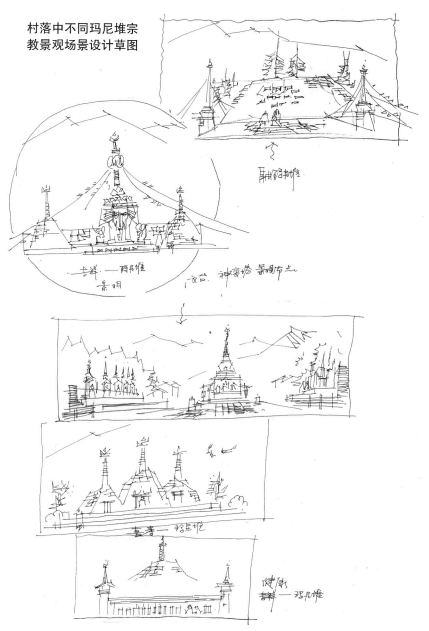

村落中不同玛尼堆宗
教景观场景设计草图

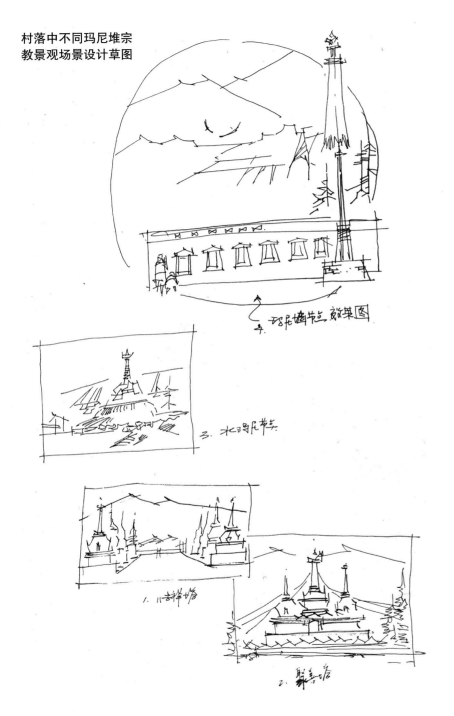

村落周边的玻璃栈道、
索桥和宿营地场所
景观先期分析草图

村落周边的玻璃栈道、索桥和宿营地场所景观后期细化草图

第5章 | 建筑铅笔画作品赏析

5.1 多元表现建筑及环境的景观意象

建筑铅笔画的真正目的和意义在于：让使用者随时随地运用最为简单质朴的铅笔画形式来多元化地表现建筑与环境的景观意象，而景观意象中最主要的要素是各类植物、山水等自然场景的描绘。在植物的表现中，应根据气候特征与场景需求来进行表现，同时应该关注其与建筑的前后、主次、虚实关系，合理地选择视角和视域范围，这样才能和要表现的建筑情景交融。

料峭春寒

小植物群落画法——草图

小植物群落画法——完成图

不同树木的表现

早春

春絮萌动

枯木逢春

花架旁边的大树

相依

倩影斑斓

倩影斑斓
戴枣壹寒
初春唐文
写於此明

昆明呈贡洛龙公园之秋

局部一

局部二

局部一

局部二

龙马山石城小径

秋水无声

呈贡捞鱼河

绿荫掩映下的芒允古镇

神奇武隆

欧式围墙栅栏

路南石林

大围山云海

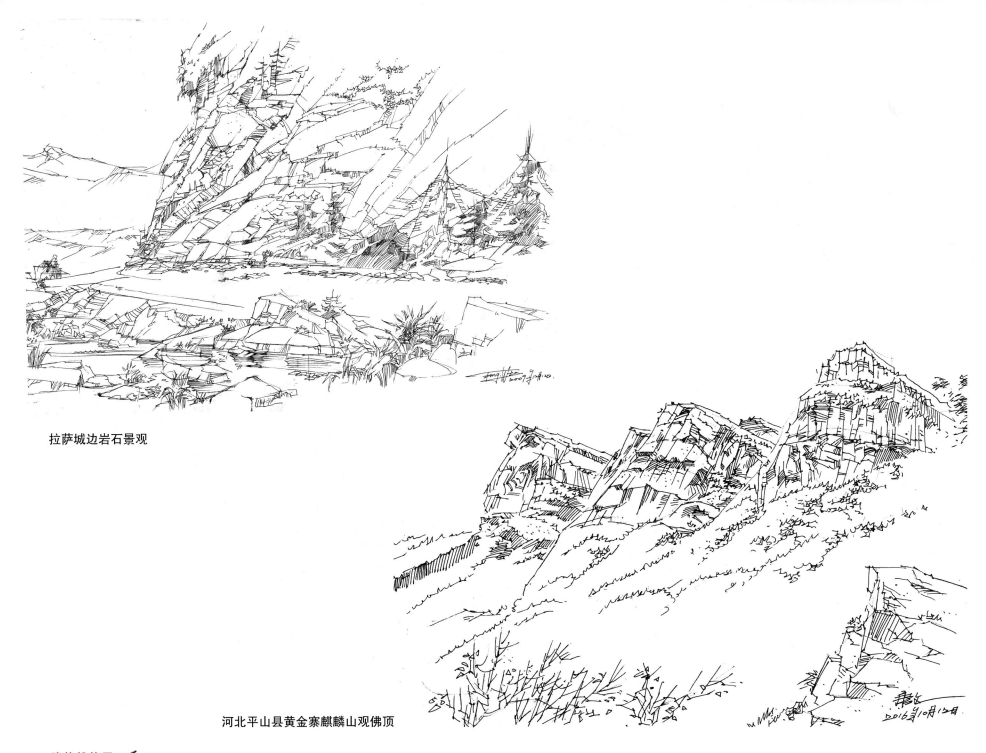

拉萨城边岩石景观

河北平山县黄金寨麒麟山观佛顶

静静的河塘

润物无声

昆明呈贡洛龙公园

落叶树林

群落树杈的速写

春风化雨——呈贡洛龙公园

秋雨过后的文庙一角

青山绿水藏古寺——大围山红旗水库

5.2 识别地域建筑的风格与美学特征

不同地域环境孕育出不同的建筑风格，其中建筑形态、比例、几何化的要素组合、建筑之间的组合形式与空间意境都需要把握和领会，同时提倡创作者对相关地域文化及环境当中的要素进行一定的思考，提倡比较分析和对场景的精确表现。

呈贡下村
老昆明祠堂

毓秀安宁——静谧的安宁石江村书院

局部一

局部二

局部一

局部二

大糯黑素描风景画系列——撒尼人家

绿荫掩映下的西江苗寨

局部一

局部二

局部

仙女湖畔

西江千户苗寨的老街

建水团山张氏宗祠

大糯黑素描风景画系列——岁月

大糯黑素描风景画系列——彝王宴驿站

大糯黑素描风景画系列——正午的农舍

建水朱家花园大门左侧一角

建水东城门楼一角

走过西江苗寨的老廊桥

元阳哈尼乡土文化驿站

菩提树下的佛塔

大理喜洲白族小院

5.3 精确传达建筑典型的形态

　　建筑的典型形态是建筑比例、形态和序列的组合。而所谓的精确表达，最为重要的是领会该类建筑所表现出的典型的地域文化与民族习俗中的审美要素，其次才是对建筑铅笔画技法的熟练掌握。

局部

昆明呈贡新东亚风情园

局部

昆明陆军讲武堂

昆明饵季路大都摩天购物中心前的泰式景观建筑

昆明理工大学建筑楼

巍然伫立——昆明理工大学呈贡校区主楼写生

岁月蒸蒸——呈贡抒怀

曲靖老街巷

青葱岁月——远眺昆明理工大学

昆工红土会堂

圣彼得堡风光

寂寥的城市——鸟瞰楚雄经开区

吉隆坡国家检阅广场前的官邸

法兰克福一瞥

线条风格——米兰大教堂前广场的凯撒雕像

明暗风格——米兰大教堂前广场的凯撒雕像

塞纳河畔

马六甲英殖民时期市政广场

马来西亚国家大清真寺

马来西亚博物馆

鸟瞰荷兰的大地

鸟瞰水乡荷兰

凤凰速写

5.4　延展对建筑场所意境的思考

　　对于建筑主体之外的相关场景，其氛围表现也是一个重要的环节。现实中我们所见到的特定场景中聚散的人物、穿梭的交通工具、热闹的商业氛围（包括商业的广告、标识、货架、售货摊位等）以及靠植物组合的特色绿化空间等，都和城市广场、街道、公园、交通站点密切相关，是城市设计的重要部分。在建筑铅笔画中需要绘画者对上述内容有一个全方位的交代与表现。

大糯黑素描风景画系列——往事如歌

局部一

局部二

大糯黑素描风景画系列——老车情怀

局部一

局部二

沧桑岁月——大理诺邓白族古村

局部一

局部二

毓秀安宁——静静地步入石江书院

局部一

局部二

毓秀安宁——石江书院的正午

局部一

罗平多依河水库秋色

局部二

某化工厂一角

安宁炼油厂的早晨

网球馆前

争流

艺术楼前

东方欲晓

百年劝业场

老厂轶事

攀枝花一家汽修厂

石林县大糯黑一角

石林县大糯黑村口

鸟瞰天津西开教堂

昆明理工大学公教楼中庭一角

昆明地铁呈贡大学城站

回眸创业的痕迹——秋雨中的昆明理工大学莲花小区三号楼

昆明理工大学建工实验楼一角

昆明文庙一角

一个寂寞无奈的下午

屏边滴水苗城

走进古滇王国

楚雄龙江公园——孔雀迎春

景真八角亭

静谧的德宏后谷咖啡园

绿荫掩映的德宏后谷咖啡园一角

云南大学滇池学院杨林校区教学楼一角

建筑铅笔画

Pencil Drawing of Architecture

大围山吊索桥

某体育运动器材商店写生

毓秀安宁——楠园抒怀

毓秀安宁——螳螂川边的廊桥

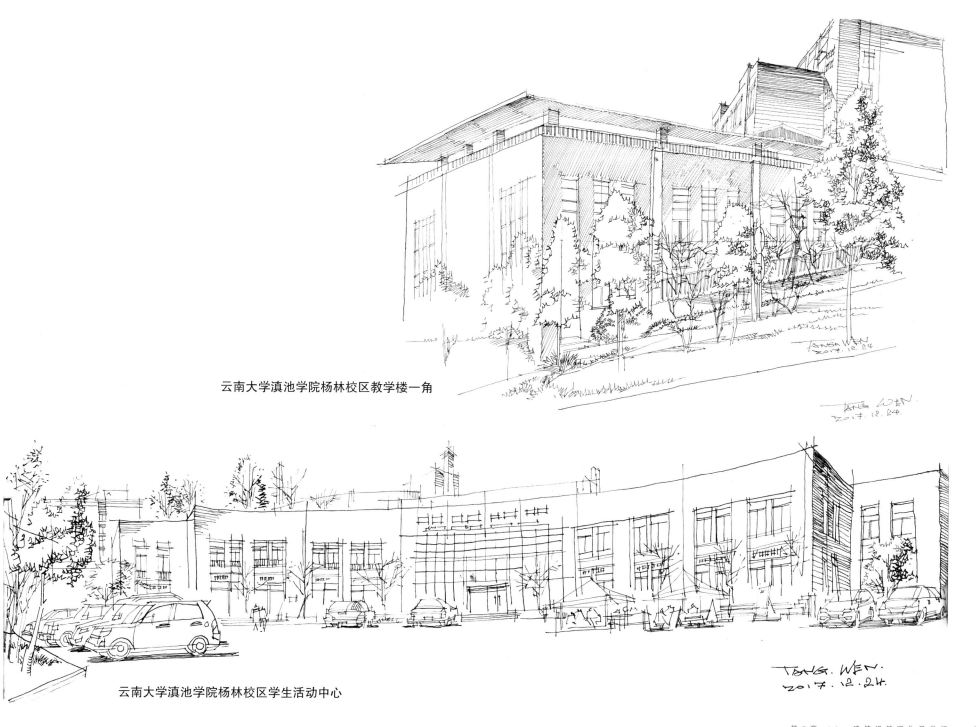

云南大学滇池学院杨林校区教学楼一角

云南大学滇池学院杨林校区学生活动中心

杨林中信佳丽泽一角

云大冬天

走进南宋御街

秋雨过后的独克宗古城

昆明西华园

大理洱海小普陀

贵阳甲秀楼

凤凰小景

惠安崇武海上古城

重庆朝天门码头

重庆江津中山古镇

鼓浪屿日光岩一角

惠安崇武海湾

冬日的欧洲小镇

春到凤凰

呈贡三台山之秋

5.5 夯实对建筑相关文化的思考

如何夯实创作者在写生过程中对建筑相关文化思考？具体而言，可以运用装饰艺术学、符号学、人类学、美学之中不同的文化价值观来评判思考建筑文化。根据长期的教学经验，笔者在这里提倡运用速写、记忆画、长卷画等多种形式对建筑空间进行表现，更主张运用配合设计的漫画、工程式的分析素描（包括用文字标注和后期的彩铅、水墨渲染）等多种形式来分析各类建筑文化问题，并鼓励运用铅笔素描的形式趣味性地重构建筑空间。

犹闻滇军义举声——
昆明圆通山唐继尧墓感怀

局部二

金秋翠湖

局部一

局部一

昆明金马碧鸡牌坊

局部二

局部一

局部二

昆明莲花池公园一角

局部一

局部二

昆明官渡古镇法定寺

水城威尼斯

某城市立交桥速写

翠湖园中园的长廊

演进中的城市——昆明火车北站风景

天津西开教堂速写

北京恭王府后花园门

昆明西华园夏日

昆明翠湖观鱼亭

古刹寻缘——昆明官渡古镇少林寺感怀

昆明圆通寺之秋

旧时老昆明场景复原习作——昆明北门街唐公馆牌坊及周边环境

昆明东寺街的早晨

夏日的云南民族大学呈贡校区校园

建水十七孔桥

局部

云南大学呈贡校区正大门

冬日的纽约州立大学

云南省科学技术馆速写

昆明陆军讲武堂一角

丽江黑龙潭

建水新恢复的寸轨列车旅游专线——临安站

走进历史的斑驳记忆——昆明北站滇越铁路博物馆

云南师范大学商学院文渊楼

宾至如归——昆明机场候机楼一瞥

某大型空间内庭写生（一）

某大型空间内庭写生（二）

夜雨过后的家前小院

第6章 彩色铅笔写生作品赏析

　　彩色铅笔由于其独具的层次感及笔触，特别适合表现大体量的色彩对比。同时，在不同质感的包装纸、有色纸上作画，其特定的底纹，又会给画面平添独特的艺术气息。

　　本章选取的大部分作品系张华娥教授的彩色铅笔作品，张老师长期致力于建筑美术教学，除平时为教学所绘的大量范画外，在教学之余，创作了大量的彩色铅笔画，有些是表现建筑，更多的是探索建筑与环境之间的关联。这些作品独特的魅力与艺术效果，使人真正领会到大自然的雄浑变幻。而这些恰恰可作为建筑铅笔画这种较为严谨细致表现技法的重要补充。对于学习建筑铅笔画的朋友来说，建议经常尝试运用彩色铅笔练习建筑铅笔画，为提高色彩修养打下一定的基础。

十月香格里拉红色的草原

圣湖

落日余晖

香格里拉速写

十月香格里拉红色的草原

宁静

五月的中甸草原

石林大糯黑之秋

石林大糯黑村一角

静谧的群山

德钦藏族村落

湖南凤凰古城

飘逸凤凰

凤凰吊脚楼

小山村

山村恋

德国乡村教堂与景洪曼飞龙傣族佛塔的东西方不同地域建筑文化符号特征分析

贡山丙中洛小景

济南趵突泉公园一角

　　建筑铅笔画除了用于艺术探索与表现外，还有一个重要的目的，就是直接运用在设计项目中，其技法是多种多样的，我们通常称之为综合风格，即运用铅笔（可借助尺子、圆规等绘图工具）表现设计草图、深化设计图，其既具有丰富的艺术特色，又包含设计所具有的严谨的实用性。笔者通常喜欢运用硬度高的铅笔进行打稿，在探索造型和相关的场地关系时，能够清晰地体现、强调线条的肯定感。随着设计的深入，则更喜欢运用有一定软度的铅笔，借助绘图工具，强化设计草图。最后，适当地进行一些马克笔和彩铅的着色。在此过程中，并不是完全像初学者想象的那样，急于用钢笔或碳素笔进行勾线。

　　欲运用铅笔表现与表达设计草图，千万要注意以下几点：① 在草图阶段可直接运用徒手的方法绘制多张图例，进行各个层面的探索研究与分析，不要太考虑后面铅笔画的艺术效果，有时图例中可以进行一定的文字标注，目的是为了丰富与梳理自己的设计思维；② 避免在设计深入阶段单纯徒手而不借助于绘图工具，认为这样才是体现艺术效果的"大咖行为"；③ 最后的完善阶段，不要急于用橡皮擦抹一些铅笔的轮廓线，在强化设计重点之处，适当地进行线条的碳素笔勾勒，保留铅笔初期的明暗层次关系，在这个阶段，彩色铅笔其实可以起到场所氛围的重要烘托作用，色彩宜厚重浓郁、一步到位，而初学者往往用笔较浅，最后再用灰色系列马克笔强化画面的明暗关系。

蒙自龙刹灵湫官厅及内院设计

蒙自龙刹灵湫片区重点景观古戏台设计

滇越铁路法式文化铸铁门牌匾架

滇越铁路历史文化
老火车展示区

露天
烧烤区

昭忠祠方向

龙刹灵湫方向

穿越昭忠祠与龙刹灵湫中央老滇越铁途历史文化复活景观效果图

崔文立袁华娥
二〇一四年1月2日

蒙自龙刹灵湫与昭忠祠结合部滇越铁路文化场景设计

盈江县江边村原始丛林林间栈道设计

楚雄彝人古镇土司府室内文化厅设计

楚雄彝人古镇土司府室内
宴会厅设计

楚雄彝人古镇相府山庄室内休息厅设计

楚雄彝人古镇相府山庄婚宴厅设计

德宏后谷咖啡园接待厅设计

德宏后谷咖啡园休息厅设计

弥勒可邑阿细部落历史文化场景创意设计（一）

弥勒可邑阿细部落历史文化场景创意设计（二）

奔子栏镇玉杰乡公共景观设计（一）

奔子栏镇玉杰乡公共景观设计（二）

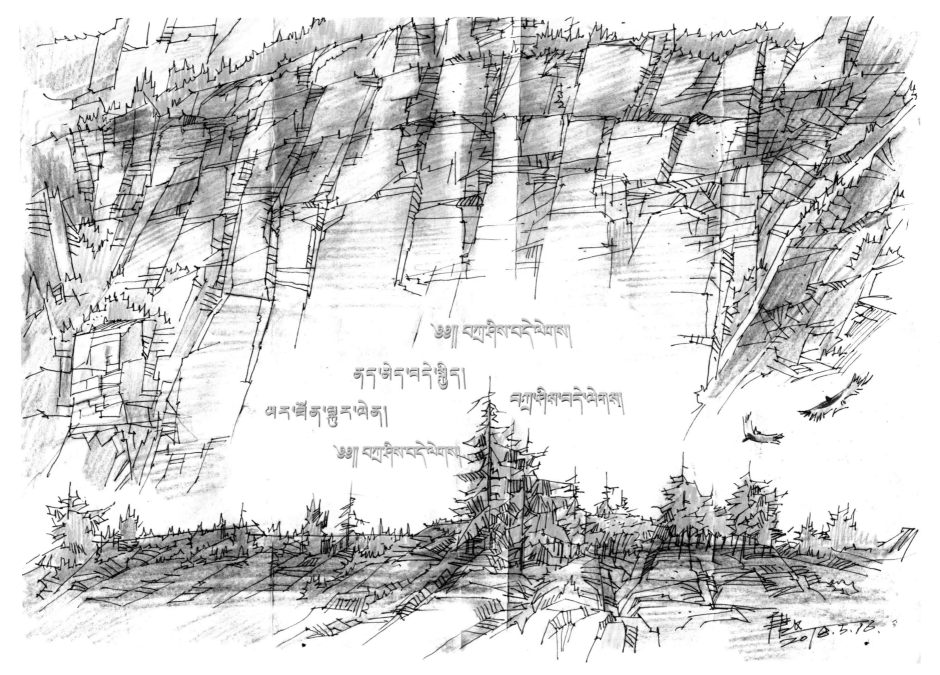

德钦县溜筒江村崖壁景观设计

结 语

　　在即将掷笔之前，还有几点需要进行说明，首先是建筑铅笔画其真正的含义不应当仅仅局限于以素描为主的铅笔画艺术表现形式，其中还应包含后期用彩色铅笔等各种工具进行着色的表现形式。本书真正的目的不只局限于阐述纯粹的建筑铅笔画写生技法，更多的是想探索利用铅笔（包括彩色铅笔、木炭笔在内的相关素描工具）来多元化地表达除纯粹绘画目的以外的建筑设计问题，并最终达到辅助于专业设计的目的。故在本书当中增加了一部分彩色铅笔表现的范画和经后期着色应用于实际设计项目中的案例，以体现建筑铅笔画的多元价值。

　　此外，在学习建筑铅笔画的过程中还有以下几点值得注意：一是建筑铅笔画打稿后不宜同时附着彩色铅笔和水彩，这样会降低建筑铅笔画的原始素描艺术效果；二是铅笔和木炭笔不宜进行混搭运用，要强调铅笔画本身的纯粹性，同时不提倡运用纸笔对原画面进行擦拭，这样做会破坏作品本身的块面效应和虚实感，而鼓励勾线和笔触的一步到位；三是铅笔的勾勒起稿和明暗铺设运用于设计当中，后期如用碳素笔或钢笔勾线确定设计稿时应有选择地保留前期的铅笔笔触，不宜全部擦去，这样的处理反而可以为画面增添层次感；四是纯粹的线描风格建筑铅笔画写生提倡运用墨色较重的木炭笔，既可增强画面的对比度，同时又保留了后期用橡皮修改的余地。

　　最后在本书撰写中，由于篇幅有限，对相关理论的阐述难免挂一漏万，有不足之处，还请广大专家和读者批评指正。另外，本书的部分页面排了两幅作品，目的是丰富图例以提高大家的学习兴趣。如读者在建筑铅笔画学习、创作中有专业上的问题，或者需要某些高清范图，可以利用网络向笔者咨询（邮箱：341740935@qq.com）。

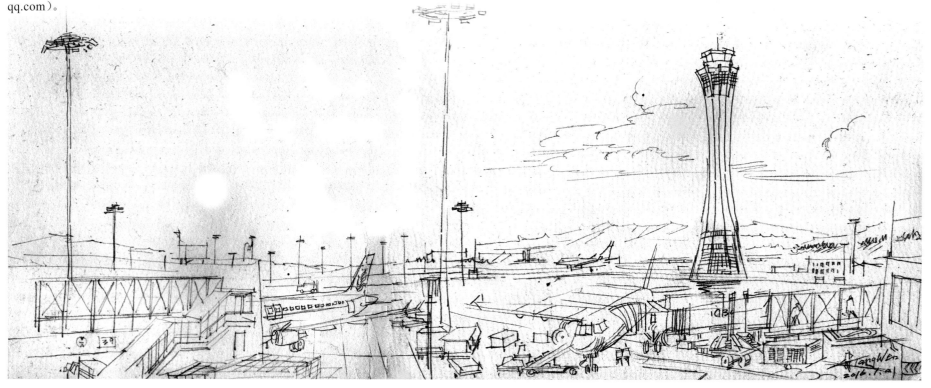

世界那么大，我想去看看

鸣谢

在此书搁笔之时，那撰写过程中一个个不眠之夜所带来的疲惫，顷刻都转化为了无穷的谢忱：

感谢化学工业出版社又一次给予我出版专著的机会，让我又一次能与广大青年朋友进行心灵的交流。

感谢张华娥教授为本书提供了精彩的彩色铅笔范画，为其平添了艺术色彩的视觉魅力。

感谢我的同事雷雯老师为本书的英文书名所做的翻译及陆颖老师，研究生王菁、李文旺为本书所做的基础资料收集与编辑排版工作。

对于广大热爱建筑与绘画艺术的青年朋友来说，素描永远是一切绘画包括设计艺术的基础，而所谓基础，不是前期要掌握的基本知识，而是我们一生都要复习补充的一门课程，研修这门课程会让我们一生受用无穷。

最后，让我们以南朝·宋·范晔《后汉书·周纡传》中的一段话来开始我们共同的艺术旅程：

涓流虽寡，
浸成江河；
爝火虽微，
卒能燎原！

唐文
2018 年 6 月拙笔于春城